大自然的珍贵礼物

水滨四季漫步
从小溪到大海

[奥地利]苏珊娜·莉娅 著

索玲玲 译

河北出版传媒集团

河北少年儿童出版社

·石家庄·

图书在版编目（CIP）数据

水滨四季漫步 ： 从小溪到大海 ／（奥） 苏珊娜·莉娅著 ； 索玲玲译 . — 石家庄 ： 河北少年儿童出版社，2024.7
（大自然的珍贵礼物）
ISBN 978-7-5595-6607-2

Ⅰ . ①水… Ⅱ . ①苏… ②索… Ⅲ . ①自然科学—儿童读物 Ⅳ . ①N49

中国国家版本馆 CIP 数据核字（2024）第 096996 号

著作权合同登记号　冀图登字：03-2022-140

大自然的珍贵礼物

水滨四季漫步　从小溪到大海

SHUIBIN SIJI MANBU CONG XIAOXI DAO DAHAI

[奥地利]苏珊娜·莉娅 著　　索玲玲 译

出 版 人	段建军	版权引进	梁 容
策 划	李 爽 赵玲玲	特约编辑	王瑞芳
责任编辑	尹 卉 杨 婧	装帧设计	杨 元

出版发行	河北少年儿童出版社
地 址	石家庄市桥西区普惠路 6 号　邮政编码 050020
经 销	新华书店
印 刷	鸿博睿特（天津）印刷科技有限公司
开 本	889 mm×1 194 mm　1/8
印 张	6
版 次	2024 年 7 月第 1 版
印 次	2024 年 7 月第 1 次印刷
书 号	ISBN 978-7-5595-6607-2
定 价	49.80 元

目 录

池塘

池塘是小型静水水域，水不流动，仅靠雨水补给。塘中水浅，阳光可以照射到塘底。

自然形成的池塘是很多生物的容身之所。

春天，青蛙和蟾蜍来到浅水区产卵，水鸟在芦苇丛中孵蛋、育雏。不久之后，刚羽化的蜻蜓开始在水面上飞舞。到了夏天，各种鱼和两栖动物遍布池塘，嬉戏玩耍。燕子飞来飞去，忙着捕食小飞虫。黄昏时分，蝙蝠也出来觅食。

深秋时节，天气转凉，许多水鸟开始迁徙，飞往温暖的南方过冬。鱼儿潜到水底深处。寒冬将至，青蛙和蟾蜍会寻找安全的隐蔽所，准备冬眠。

池塘若遭到严重污染，就会丧失自净能力，生态系统平衡被破坏后，池塘里的动植物就会死亡。

池塘边和池塘里

植物

很多藻类植物个体小而绿，成片的藻类摸上去有黏湿感。

睡莲是浮叶植物。长长的茎通向水底，与塘底淤泥里的根相连。

在河岸、溪畔、海边及静水域等各个区域中，生长着多种植物——禾本科植物如芦苇，水生植物如睡莲、眼子菜等。水生植物通过光合作用制造的氧气，可释放到空气中或溶于水中。水中溶解氧的多少非常重要，因为它是水生生物呼吸所需氧气的来源之一。

在静水域，水底淤泥中腐殖质里的营养物质可以为藻类生长提供养分。大量藻类腐烂时，会消耗水中的氧气。如果耗氧过多导致水中溶解氧过少，就会危及水中其他生物的生存。

水蕴藻繁殖速度极快，节断枝也可继续生长。

泽生薹（tái）草

灯芯草

香蒲的雄花长在雌花棒顶上，利用风媒传粉。

蚊子草的伞状花序闻起来微甜。

慈姑

芦苇是池塘边长得最高的禾本科植物，可长到3米高，根状茎发达，在池塘边可形成密集的芦苇丛。

眼子菜

睡莲

水鳖（

岸边

池塘沿岸及水中分布着不同类型的植物。

浅水区

2

昆虫

蜻蜓

雌蜻蜓在水中或水生植物上产卵，卵在水中发育成幼虫。幼虫长有硬壳，可越冬。第二年春天，幼虫继续生长，多次蜕皮，以小型水生动物为食。

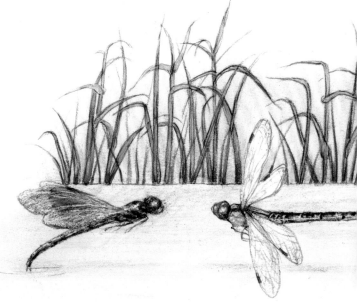

蜻蜓幼虫

蓝豆娘　　　巨伟蜓

龙虱捕食蝌蚪、小鱼等。

水蝎子靠后腹部的呼吸管呼吸。

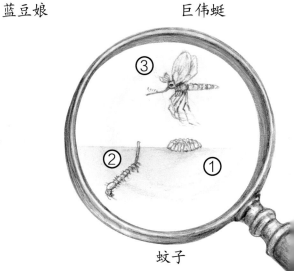

蚊子

①漂浮在水面上的蚊子卵。②蚊子的幼虫靠腹部末端的呼吸管呼吸。③蛹蜕皮后发育为成虫。

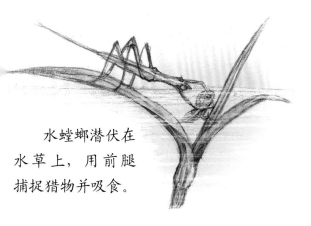

水螳螂潜伏在水草上，用前腿捕捉猎物并吸食。

狐尾藻

水蕴藻

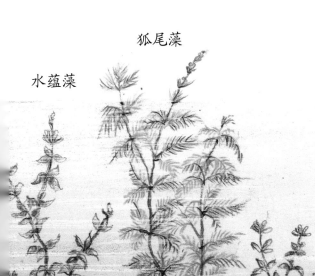

水黾（mǐn）借助腿上的刚毛在水面上快速移动。

蝌蚪

刺鱼

深水区

你知道吗？

睡莲的花每日开合，依靠日间活跃的昆虫授粉。睡莲的花白天打开，晚上闭合，它们昼开夜合可能是为了保护花蕊。下雨时，睡莲的花会一直闭合。

林蛙

林蛙常栖息于芦苇丛或灌木丛中，可以根据环境的不同而改变体色，以躲避天敌。它们在地洞、石下、树根下冬眠。

卵　　刚孵化的蝌蚪　　两周后　　四周后

两栖动物

两栖动物是幼体生活在水中，成体在陆地上生活的，如青蛙、蟾蜍和蝾螈，它们由产在水中的卵发育而来。在春日的暖阳下，卵会发育成带桨状尾的小蝌蚪。小蝌蚪通过鳃呼吸，以浮游生物为食。一段时间后，小蝌蚪的鳃逐渐消失，长出肺，可呼吸水面上游离的氧；并且，腿部发育，桨状尾逐渐消失。经过两个多月，幼蛙、幼蟾蜍、幼蝾螈就可以上岸来到陆地生活。

青蛙

春季是青蛙的求偶季。雄蛙会在黄昏时群聚，利用咽喉部两侧的外声囊，连续不断高声鸣叫，吸引雌蛙前来抱对。

欧洲滑螈

欧洲滑螈是一种在陆地上生活、在水中产卵的蝾螈动物。春天，雌性滑螈在水生植物上产卵，每次仅产一枚卵。幼滑螈在夏末离开池塘，到陆地生活。

蟾蜍

蟾蜍会在繁殖期来到池塘。蟾蜍的卵带大多缠绕在水生植物上。

龙虱

蛙卵

雄性滑螈

雌性滑螈

平角卷螺

静水椎实螺

鱼

池塘和湖里的水质，对鱼类格外重要。通常来说，池塘或湖里的鱼，要比小溪或河里的鱼肥。许多鱼会在水温相对较高的岸边附近停留，它们将卵随意产在水里、黏附在石头、植物根部或植物其他部位上。刺鱼甚至会用植物筑巢。鱼以水生生物或更小的鱼为食，有些鱼还会在淤泥中觅食。食肉的鱼有时也吃青蛙、蝾螈和水鸟雏鸟。

鲤鱼

鲤鱼体长可达 1 米，喜温暖水域，以水生生物或淤泥里的蠕虫等为食。

红尾鱼

红尾鱼因其红色的鳍而得名，喜成群游弋，主要以藻类和水生生物为食。

丁鲹（guì）

丁鲹体长可达 70 厘米，喜栖息于水生植物茂盛的静水水域，以浮游生物和淤泥中的昆虫、软体动物等为食。

白斑狗鱼

白斑狗鱼体长可达 1.5 米，是食肉鱼，常潜伏在芦苇丛生的水域，等待鱼、青蛙、水鸟、水鼠等猎物。

鲈鱼

鲈鱼对受污染的水非常敏感，喜栖息于清澈阴凉的流水域中下层，以小鱼为食。

刺鱼

刺鱼一般体长 5 ~ 8 厘米，因背上有刺而得名。雄性刺鱼有护幼习性。如果小刺鱼离巢太远，刺鱼爸爸就会用嘴把它们吸回巢内。

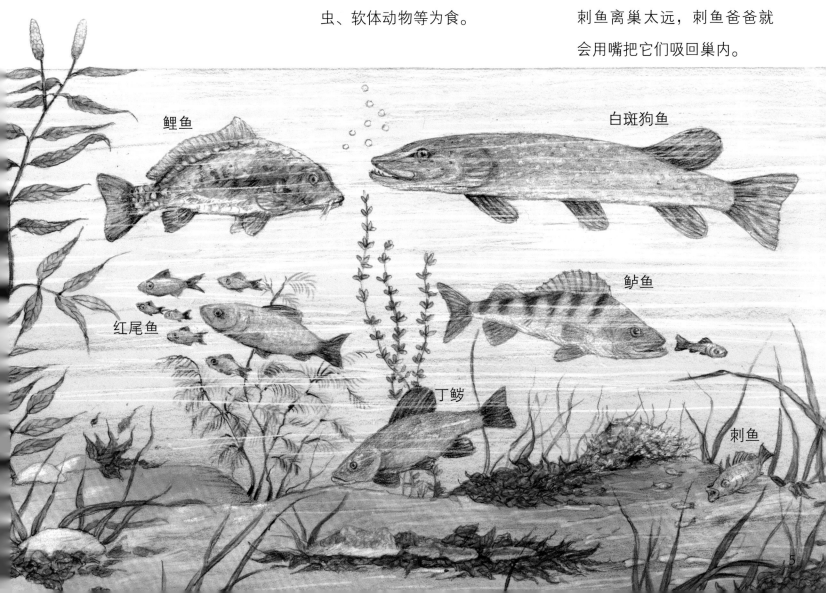

鲤鱼　红尾鱼　丁鲹　白斑狗鱼　鲈鱼　刺鱼

小档案
体长：约 5 厘米
食物：各种昆虫、蠕虫、蜗牛等
显著特征：雄性有声囊

青蛙的舌头能分泌黏液，可以黏住飞虫。

雄蛙将空气吸入声囊再迅速释放出去，发出"呱呱"的叫声。

青蛙的体色可随气温变化发生颜色深浅的改变，以适应环境。

雄蛙为了保卫自己的领地，跳到另一只雄蛙身上，把它压入水中。

雌蛙将卵产在水生植物上。

蝌蚪（最长 8 厘米）

幼蛙（约 5 厘米）

生长后期的蝌蚪身体比刚上岸的幼蛙长。

青蛙大多生活在水边。春天，雄蛙在一处静水域中聚集、引吭高歌，以此吸引雌蛙和保卫自己的领地。雌蛙排出的每一团卵块里，卵可达 1000 枚。随着天气转暖，卵发育成蝌蚪。一段时间后，蝌蚪发育成青蛙。蝌蚪用鳃呼吸水里的溶解氧，青蛙用肺和皮肤呼吸空气中的游离氧，因此青蛙的皮肤必须保持湿润。青蛙喜欢吃蚊子等害虫，是一种对人类有益的动物。

冬天，青蛙在地下隐蔽的地方冬眠。

青蛙

托马斯一家住在城郊的一栋居民楼里。在这栋楼的后面，还有一栋造型一模一样的楼，两栋楼之间有一块草地。天气好的时候，邻居们会聚在这里，托马斯会和住在他家对面的好朋友古斯塔夫一起玩。

在一个晴好的夏日，古斯塔夫的爸爸提议："我们为什么不一起在草地上建个池塘呢？"

邻居们分工协作，真的建好了一个小池塘。第二年春天，池塘里已有芦苇发芽；夏天时，睡莲的第一朵花也开了。托马斯收到了一部相机，开始在池塘边学习摄影。冬天，他和古斯塔夫在结冰的水面上滑冰。

第三年春天，青蛙出现在了小池塘，托马斯成功拍到了这些小客人们的身影。但是，青蛙在芦苇丛中不停呱呱叫，"呱呱呱！呱呱呱！"尤其是黄昏和晚上时叫声最响。一些居民开始抱怨："太吵了，吵得人睡不着！"他们说，"我们应该把池塘填平！"

听了这些话，托马斯和古斯塔夫忧心忡忡，因为他俩很喜欢听青蛙在夜里呱呱叫。古斯塔夫说："咱们必须拿出行动来保护青蛙。"

"办个摄影展怎么样？"托马斯一边问，一边拿出了收藏照片的盒子。

"好主意！"古斯塔夫的爸爸表示赞同，"你们可以把照片挂在我家的遮阳伞上。"

邻居们陆陆续续都来参观摄影展。他们欣赏着用绳子、夹子挂在伞下的照片，感叹道："真是五彩斑斓呀！"

"看，这张照片上是青蛙卵！"

"哇，好小的蝌蚪！"

"哇，好小的青蛙！"

没人再提填平池塘的事了。

"其实完全没有必要，"古斯塔夫的爸爸说，"再过三个星期，呱呱声就结束了！"

湖泊

湖泊对奥地利人来说是个可以冲浪、划船和滑冰的好地方。

湖泊是陆地上积水范围较大的凹地，水流缓慢。湖泊按分布情况可分为独立的单湖和由若干相邻的湖泊构成的湖泊群。在奥地利，高山湖泊通常是指位于高山或高原上的湖泊，水很深且温度较低。草地环境中的湖泊被称为草原湖，湖水较浅。水库是人工湖泊，一般是用水泥堤坝截断河流后形成，可发电。这些是特别的类型。

湖泊比池塘大且深，但和池塘的生态环境相似。多种淡水鱼在湖中游来游去，大量动物和植物在湖岸栖息和生长，其中水鸟在岸上和水里栖居。有些水鸟如疣（yóu）鼻天鹅和绿头鸭，冬天不会南迁，而是迁到距离不远的没有结冰的水域过冬。

只有相对干净的湖水才适合水生生物生存。污水和其他水污染物会影响湖泊中鱼类的多样性。

芦苇莺

芦苇莺是鸣禽。它的杯状巢悬挂在芦苇丛中。芦苇莺在水边捕食昆虫，冬季会迁徙到非洲过冬。

凤头潜鸭

凤头潜鸭有金黄色的眼睛。它可以潜到水下 3 米深，可在水底寻找贝类等为食。冬季，凤头潜鸭会向南方迁徙。

凤头䴙（pì）䴘（tī）

春天是凤头䴙䴘的繁殖季节，雄鸟和鸟会在水面上一起跳舞，互相表达爱意。们在湖边的水生植物上筑巢，巢浮于水面。冬天，凤头䴙䴘会飞到更温暖的水域过冬。

骨顶鸡

骨顶鸡有白色的喙和额甲。脚趾上有宽而分离的瓣蹼，在水里可以展开，便于游泳，在陆地上可以收缩，方便行走。骨顶鸡能潜入水中找食水生植物。

琵嘴鸭

琵嘴鸭有一张宽大而扁平的嘴，在水面上活动时会发出嘎嘎的叫声。游动时，用嘴滤水收集食物。琵嘴鸭每天最多可以吃掉大约 500 克浮游生物。

白尾海雕

白尾海雕是一种猛禽，主要捕食鱼和水禽，能在飞行中追踪猎物。有时，它也会以腐肉为食。白尾海雕常将巢建在近水的树上。

大麻鳽（jiān）

大麻鳽体长可达 80 厘米，常栖居在隐蔽的芦苇丛中。遇到危险时，大麻鳽的头、颈向上伸直，并且一动不动，几乎和四周的芦苇融为一体，以此来躲避天敌。

绿头鸭

绿头鸭很常见。雄性绿头鸭羽色艳丽，头、颈部绿色，闪着金属般的光泽。绿头鸭会将头伸入水中，寻觅水生植物来吃。绿头鸭飞得很快，可以以高达 110 千米 / 小时的速度飞行。生活在德国、奥地利的绿头鸭不是候鸟，冬天不会迁往南方。

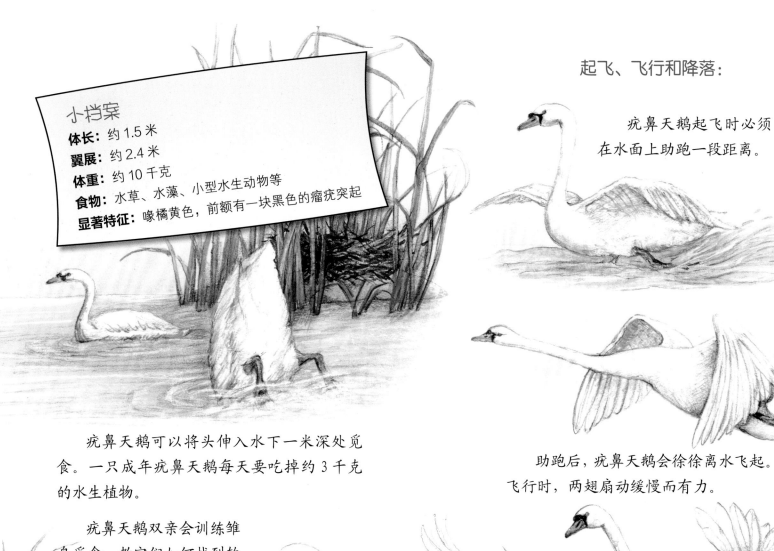

小档案

体长： 约 1.5 米
翼展： 约 2.4 米
体重： 约 10 千克
食物： 水草、水藻、小型水生动物等
显著特征： 喙橘黄色，前额有一块黑色的瘤疣突起

起飞、飞行和降落：

疣鼻天鹅起飞时必须在水面上助跑一段距离。

助跑后，疣鼻天鹅会徐徐离水飞起。飞行时，两翅扇动缓慢而有力。

疣鼻天鹅可以将头伸入水下一米深处觅食。一只成年疣鼻天鹅每天要吃掉约 3 千克的水生植物。

疣鼻天鹅双亲会训练雏鸟觅食，教它们如何找到软的水生植物。

疣鼻天鹅降落时，身体后仰双蹼前蹬，滑水数米减速，随后，平稳优雅地落于水面。

疣鼻天鹅是一种大型游禽，脖颈修长，可以潜入水中，从水底拔出水草吃。

雌雄疣鼻天鹅一旦结成一对，便会终生相守。春天，它们在水边的芦苇丛中用树枝、植物茎秆和蒲苇等筑造大大的巢。当疣鼻天鹅雌鸟孵蛋时，雄鸟会在巢附近警戒。如遇威胁，雄鸟会发出嘶嘶声，迅速起飞并用力拍打翅膀向雌鸟示警。疣鼻天鹅雏鸟的羽毛深灰色，喙黑色。雏鸟孵出后不久，就能去水里游泳了。

疣鼻天鹅幼鸟在出生后的两年里羽毛会慢慢变白，喙逐渐变成橘黄色，黑色的瘤疣突起也逐渐长大。之后幼鸟会和双亲一起再生活一年，直到第二年春天新的一窝雏鸟孵出。

←—— 约 11 厘米 ——→
疣鼻天鹅的蛋

疣鼻天鹅幼鸟五个月大时就能飞翔。冬天到来前，它们陪伴双亲飞往不结冰的水域过冬。

疣鼻天鹅

雅各布和加布里埃尔非常了解疣鼻天鹅的生活习性。在他们常年骑自行车和玩耍的公园里，有一个小湖，湖中央有个长满芦苇和灌木的小岛。

有一年春天，兄弟俩骑着自行车通过拱桥上了小岛。自此之后，他们就明白不能在这个时节上岛了，因为奥地利这时正是天鹅孵蛋的季节。天鹅孵蛋时，如果有人离巢太近，天鹅会拍打着巨大的翅膀，同时向前甩头，用喙做出驱赶姿势。其实前一年春天，加布里埃尔就曾因此从湖边落荒而逃。

暑假前，兄弟俩就看见天鹅妈妈带着小天鹅在湖里游泳了。"它们根本不是一家人！"加布里埃尔断言道，"因为小天鹅和妈妈长得不像，它的羽毛是灰色的，喙是黑色的。"

"你等着看好了！"哥哥雅各布回答。正如哥哥所言，到了秋天，小天鹅的脖颈长长了，羽毛褪成了灰白色，喙变成了灰紫色。

天鹅起飞时，必须先在水中助跑，等到速度足够快，就可以展翅高飞了。降落时则先扑扇着翅膀飞向水面，身体后仰双蹼前蹬，滑水数米减速，随后平稳优雅地降落。"好像一架大肚子飞机！"雅各布和加布里埃尔这样觉得。他俩坐在湖岸边的长凳上，欣赏着天鹅起落。

即使在冬天，雅各布和加布里埃尔也会去公园看天鹅。天气特别冷的时候，湖里的冰越结越厚，鸭子和天鹅就会在拱桥下聚集，因为这儿有一大块地方不会结冰。从前一年冬天开始，拱桥栏杆上就挂上了一块牌子，上面写着："湖里的鸟类由公园管理人员喂养，请勿往水里乱扔面包！"雅各布和加布里埃尔见过一次公园管理人员给鸭子和天鹅投喂玉米和谷粒。

溪边

河乌

当山间岩石中积聚足够多渗入的水，地面上就会出现泉眼。泉眼中流出的泉水很干净，有些可直接饮用。泉水会形成小溪，溪边生长着苔藓。在清澈的溪水里，许多昆虫的幼虫游来游去。在水流湍急的高山溪流附近，河乌忙着寻觅食物。

小溪流向山谷，途中越变越宽。溪水咕咚咕咚地穿过植物根部和石头，潺潺流下。溪边的空气清凉潮湿，适宜蕨类植物生长，如木贼。白鹡（jí）鸰（líng）在石间蹦蹦跳跳，捕食昆虫。

蜿蜒的溪流穿过草地和田野，溪流两岸灌木丛生、树木繁茂。小溪汇入河流或湖泊，为更大的水体补充活水。

翠鸟

为了防止草地和田野被洪水淹没，即使是细小的溪流，也有人工砌成的河床。许多动物因此失去藏身之所，河蚌和河螯（áo）虾在这样的地方几乎销声匿迹。

水鼩（qú）鼱（jīng）

河乌是会游泳和潜水的鸣禽。它可以潜入水中长达30秒，主要以昆虫幼虫为食。

河乌的球状巢

河乌给幼鸟喂食时，会紧抓巢口下方的长草茎维持平衡。

从泉水到小溪

山中的水渗出地面形成泉眼，泉水汇成小溪，顺着山坡淙淙流下。坡上水急，难以沉积淤泥层，所以溪边几乎只长青苔和水芹。到了山谷处，水流放缓，溪边才会有木贼等蕨类的生长。

当溪水在凹地汇聚，昆虫幼虫就可以在此破卵而出，在清澈见底的小溪里安家。不过，以它们为食的河乌也栖居在溪流的岸边。

随着溪水流向山谷的，还有沙砾和石头。在水流轻缓的地方，就会形成砾石滩。山谷的地面不断被水流冲刷，形成天然河床。

水藓

豆瓣菜

昆虫幼虫

为了不被水流冲走——

蚋（ruì）的幼虫尾部有个黏盘。

石蛾幼虫将自己包裹在管状的巢壳里。

蜉（fú）蝣（yóu）的幼虫体形细长。

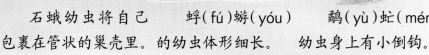

鹬（yù）虻（méng）幼虫身上有小倒钩。

灰鹡鸰正在寻找昆虫。养育一窝灰鹡鸰幼鸟需要约四万只昆虫。

灰鹡鸰幼鸟在近水处的巢里嗷嗷待哺。它们的巢穴隐藏在植物的根和石头下面。

蜉蝣
蚋
石蛾
鹬虻

舌状铁角蕨

16

水鼩鼱善于游泳和潜水，以水生昆虫、蜗牛和小鱼等为食。

木贼

欧洲蕨

火蝾螈属卵胎生。雌螈在体内将卵孵化成幼生体后，直接产在水中。幼生体在大约半年内发育成小火蝾螈，再上岸营陆上生活。

你知道吗？

奥地利的泉水和溪水是世界上最干净的水域之一。奥地利全境处在阿尔卑斯山麓（lù），一年四季都有洁净的饮用水。这是非常宝贵的资源。

17

小档案

体长： 约8厘米（包括约5厘米的尾巴）

体重： 约20克

食物： 水生昆虫及其幼虫、蜗牛、青蛙、小虾、小鱼等

显著特征： 吻长、尖（看起来像长了长鼻子）

水鼩鼱的洞穴

位于水下的洞口

春天，雌水鼩鼱在洞里产崽。

六周大的水鼩鼱幼崽开始自己觅食。

水鼩鼱在岸边潜伏，伺机捕食。

一旦发现猎物，水鼩鼱就一头扎进水里。

水鼩鼱可潜至水底捕食昆虫的幼虫。

水鼩鼱不是啮（niè）齿动物，而是食虫动物，它们擅长游泳、潜水，尾巴和爪子上的短硬毛有助于其划水前进。水鼩鼱主要在水里捕食。水鼩鼱的洞穴筑在近水岸的陆地上，有个出入口直通水里。春天，雌水鼩鼱会在洞里铺上青苔和草，它每年产崽两到三次，每年最多可产11只幼崽。水鼩鼱幼崽刚出生时，体重不足1克。水鼩鼱妈妈哺乳六周后，幼崽就能独立捕食了。水鼩鼱有许多天敌，如猫头鹰（鸮类）。不过，它们最大的天敌是人类，因为人类会污染水域，破坏岸边的生态环境。

水鼩鼱必须特别警惕仓鸮（xiāo）的袭击。

水鼩鼱

爸爸妈妈在山上租了一间小屋，雅各布和加布里埃尔要在这里度过暑假。天热的时候，他俩会和父母一起去露天泳池游泳。房子下面不远处有条小溪，这也是兄弟俩常去的地方。

这一天，他们带了一个水车去溪边，这是他们和爸爸一起手工制作的。水车由一根木棍和一个卡在棍子上的大软木塞构成，雅各布和加布里埃尔在软木塞周围插满了长条木片，这样，一个简易的水车就有了。除了水车，他们还带了两根修剪好的树杈。雅各布把树杈插到小溪的沙地里，加布里埃尔把水车的木棍卡在树杈的分叉上。哇！成功了！水车在溪水的驱动下转动起来！

灌木丛里沙沙作响，原来是两只尖"鼻子"的水鼩鼱从一块石头上一头扎进了溪水里。溪水清澈见底，雅各布和加布里埃尔能清楚地看到两只水鼩鼱在水下撕咬扭打在一起，似乎还想用前爪抓对方。过了一会儿，两只水鼩鼱又突然跳回岸上，在岸边一块平坦的岩石上继续尖叫着扭打在一起。

"像我们！"加布里埃尔咯咯笑着说。

"像你！"哥哥雅各布也乐呵呵地说。

"看那儿！"加布里埃尔突然指着山坡上的一片灌木丛喊道。

"是一条水游蛇！"雅各布很确定地说。通过蛇头上的黄色斑点，他认出这是一条水游蛇。蛇慢慢往岸边移动，而两只水鼩鼱已不见踪影。

"它们肯定藏到水底下去了。"加布里埃尔低声说。

"它们可能正在水底挖地道呢……"雅各布思考着。水游蛇从他们身边悄无声息地滑入小溪。加布里埃尔似乎又听到水鼩鼱在某处灌木丛里吵闹了起来。

河鳟鱼

虹鳟鱼

真鲹

花鳅（qiū）

从小溪到河流

在草地和田野这样的平坦地带，溪流和缓，水面越来越宽，溪底会形成沙砾泥浆层。在山中，溪水的温度约为10℃，到了山谷中溪水则有15℃左右。

许多动物在溪边或溪水里活动。溪水上游多为鳟鱼和真鲹等鱼类，下游鱼的种类更加丰富，它们在水里的砾石浅滩上产卵。

在潮湿的岸边，灌木丛茂密生长，桤（qī）木、柳树等树木也生长繁茂。溪水常流不断，水质好，因此溪边也生长着很多开花植物。一般，当溪流的宽度达5米左右时，就会被称为河。

野猪幼崽喜欢在小溪岸边拱泥巴。

水游蛇在岸边藏身处的潮湿苔藓上休息。

桤木

泽兰　珍珠菜　湿生薹（tíng）苈（lì）　聚合草　驴蹄草可以直接长在水里。

鲌（jū）鱼

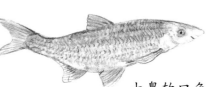

大鼻软口鱼

双斑拟白鱼

茴鱼

火蝾螈喜欢潮湿的环境。

蓝山雀在水里快速冲洗羽毛。

蒿（hāo）柳

矶（jī）鹬（yù）用长喙在石滩上啄找昆虫等生物来食用。

金眶鸻（héng）喜欢在石间直接刨窝下蛋，它的卵壳布满斑点，易于隐蔽。

攀雀把巢筑在水面上方的树枝上。

翠鸟

耧斗菜开花长出硕大的

蓝点颏（ké）喜欢在溪边的灌木丛中栖息。

你知道吗？

德国境内最长的河流是莱茵河，它发源于瑞士境内的阿尔卑斯山北麓，流经多个国家，在荷兰鹿特丹城附近注入欧洲的北海，全长 1320 千米，其中 865 千米流经德国。

灰鹊鸰

河边

在地势陡峭的地带，河床较深，水流湍急，河水流到悬崖处时，就会形成瀑布。

在平缓地带，河水流速整体放缓。不过，河心的水流速度比边缘的快，使得河岸边有石头、沙砾、泥土和碎屑等沉积。如果河水清澈，鱼很多，就会成为水獭（tǎ）喜欢栖居的地方。

河流两岸会形成河滩冲积林，吸引水獭、河狸（lí）等动物和许多鸟类来此栖息。这里食物充足，是理想的栖居地。通常，流速缓慢的河流会在浅滩处形成很多小的静水域，蟾蜍和青蛙可以在其中产卵。

在河流的入海口，河里的淡水与咸海水混合，形成咸淡水。

一直以来，城市污水和工厂工业废水仍会被排入河里，污染物也因此被冲入大海。

水獭

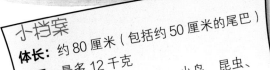

小档案
体长： 约 80 厘米（包括约 50 厘米的尾巴）
体重： 最多 12 千克
食物： 鱼、小型哺乳动物、小鸟、昆虫、
虾等
显著特征： 强而有力的尾巴

水獭的长胡须用于在黑暗的水中辨别方向。

成年水獭身体腹面的皮毛是灰白色的。

水獭的趾间有蹼（pǔ）。

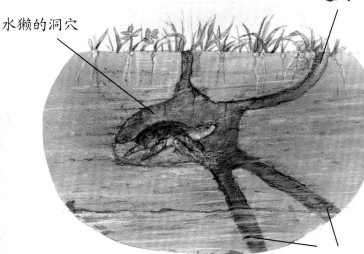

通风口

水獭的洞穴

水下的出入洞口

水獭是真正的游泳健将。它能熟练地在水中潜游，捕食鱼类和其他水生动物。

水獭在堤岸上挖掘洞穴。它的洞穴有多条通道，至少有一条通向水中，这样它就可以把肚皮当滑板趴着滑入水中。水獭的巢室内铺垫得温暖舒适，水獭宝宝在这里出生。

水獭非常适应水中的生活。在水下，它的耳朵和鼻孔可以关闭，毛发会因水的压力紧紧地叠在一起。水獭有着非常浓密的皮毛，可以锁住空气，防水保暖。水獭的洞穴隐藏在堤岸中，它喜欢趴着滑入水中。

雌水獭在堤岸的洞穴里产崽，一窝最多可产四只幼崽。水獭宝宝刚出生时眼睛紧闭，什么也看不见，但已经长出了皮毛。一个月后，水獭宝宝才能睁开眼睛。水獭妈妈哺乳两到三个月，之后，水獭宝宝就能自己抓鱼，独立生活，约三岁成年。

大约六周后，水獭妈妈第一次训练水獭宝宝下水游泳。起初，小家伙们有点儿怕水，但是很快它们就能适应并学会游泳了。

水獭

暑假最后一天，爸爸问雅各布和加布里埃尔兄弟俩："我们今天去瀑布看水獭，好吗？"

"好！"雅各布和加布里埃尔异口同声喊道。

"准备出发！"爸爸说完，往背包里装了面包和果汁，三人就出发了。他们从田间小道进入森林，沿着越来越陡的山路向上攀登。

终于到了！瀑布近在咫尺，飞流倾泻而下，清凉的水花溅在三人汗涔涔的脸上。雅各布和加布里埃尔找了块平坦的石头坐下，吃着面包。之后，他们继续跟在爸爸身后，沿着加固过的小径往下走。小径两旁水流涌动，汇聚成一个大水潭，水潭周围是茂密的灌木丛。

"看那儿！"爸爸指着水里喊道。

"水獭！"孩子们叫道。他们仔细观察着水中的两只水獭，一只似乎在抓鱼，而另一只则在翻跟头。

很快，它们就双双消失在灌木丛中了。

返程时，三人没走来时上山的路，而是沿河岸返回。瀑布下方，河水水流湍急，直到流经草地，水流才减缓，这里的河岸边也生长着茂密的灌木丛。

"看！那儿有水獭！"弟弟加布里埃尔叫道。

"哪里？"爸爸和雅各布问。

"又不见了！"加布里埃尔回答。

"你压根儿什么都没看见吧！"雅各布哼了一声。

"不！我看见了！"加布里埃尔坚定地说，"一只水獭妈妈和一只小水獭，水獭妈妈背着水獭宝宝，因为小水獭怕水，还不敢自己在水里游。这个我们老师讲过！"

"对，对，聪明先生！"雅各布说完，父子三人都笑了。

凤仙花

凤仙花原产于亚洲喜马拉雅地区，后传入欧洲。成熟的果实被轻触极易裂开，里面的种子可弹飞数米远。

欧洲山芥

河滩林

在涨水期，被河水反复淹没的山谷两岸，适宜根部耐水淹的植物和树木生长，易形成河滩林。

草本植物和柳树、杨树、桤木等树木在河边繁茂生长，这些树木质柔软，易弯曲，但不易断裂。

硬木树生长在离河岸稍远的地方，如榆树、槭树、欧洲白蜡树、橡树等。它们的根部不会被河水冲到，生长的土壤比较干燥。

无数昆虫来到河边安家，许多鸟类也在此栖息。树根下有一些被河水冲出的洞，适宜爬行动物藏身。此外，河滩林也是河狸的理想栖息地。

草芦可长至两米

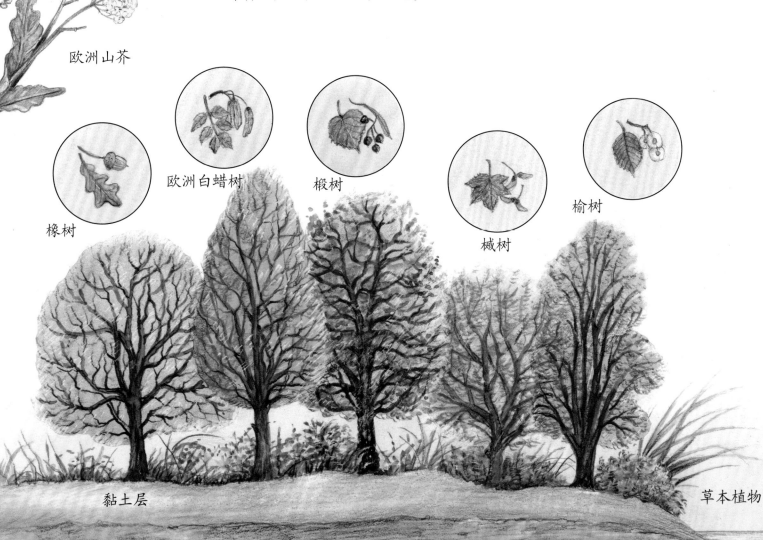

橡树

欧洲白蜡树

椴树

槭树

榆树

黏土层

硬木区

草本植物

积着死水的旧河床

河狸

河狸是一种啮齿动物，它用锋利的门牙啃咬河岸四周的树木，直到树干折断。河狸将树干和树枝搬运到河边，建造它的河狸小屋。河狸小屋有多个位于水下的出入洞口，通向水面上的卧室。河狸被称作"水坝工程师"，为了保持卧室的干爽和安全，它会在河狸小屋附近建造水坝。河狸咬断树干，使树干倒下并没入河床，然后再用树枝、石子和淤泥等密封，从而筑成堤坝。当河狸小屋处的水位上涨时，它会松动水坝，让水流走；当水位下降时，它会加固堤坝蓄水，确保洞口位于水下。春天，河狸小屋里会有幼崽出生，幼崽刚出生时就长有毛发，能够睁眼。三周大时，幼崽就能游得很远了。

河狸的尾巴宽而扁平，形似船桨。尾巴既能在水中充当方向舵、调节方向，又能储存脂肪，抵御严寒。

软木区的树木遭洪水毁坏后能迅速重新发芽。

杨树

柳树

麝（shè）鼠善于潜水和游泳，以河岸边的植物和水生植物为食。它们的巢穴通常建在堤岸斜坡上。每年有两三窝幼崽在这里出生。

翠鸟被称作"会飞的宝石"。

河中央水流湍急。因此，在河岸边就会出现砾石滩。

河狸小屋

砾石滩

软木区

河床

一只翠鸟"叽叽叽"叫着贴着水面飞行。

小档案
体长：最长 18 厘米
体重：成鸟约 35 克
食物：鱼、田螺、小型水生动物等
显著特征：蓝色羽毛

又长又尖的喙

背部蓝色

腹部红棕色

短腿

翠鸟的双亲一只接着一只地喂养雏鸟。

一只翠鸟埋伏在悬垂的树枝上，伺机捕食。

它发现河里有一条鱼。

它以迅雷不及掩耳之势俯冲下去，一头扎入水中。

为了避免撞到河底，它会张开翅膀。

春天，一对翠鸟夫妇在肥沃陡峭的河堤上掘洞为巢，用嘴巴挖出一条缓坡洞道。洞道长约 70 厘米，略高于水面。洞道末端是孵蛋育雏的巢室，在这里，雌鸟产下六七枚蛋。之后，雌鸟和雄鸟会轮流孵蛋。

雏鸟孵出之后，由双亲共同喂养。雏鸟排着队一个接着一个来到洞口接食吃，亲鸟会叼着被摔死的小鱼塞进雏鸟嘴里。不久，鸟巢里就会堆满雏鸟吐出的食物残渣和排出的粪便，双亲不会清理鸟巢，因为粪便的腥臭味能够驱赶天敌。亲鸟喂食后，就会飞走。大约一个月后，小翠鸟就可以离巢飞翔了，它们已经长大，可以独立觅食了。

翠鸟

天气渐暖，延斯陪爸爸去钓鱼。他们穿过绿色的河滩林，穿过河滩林和河流之间的卵石滩，来到河边。等爸爸做好准备，延斯就坐到石头上，用眼睛"搜索"河对岸的悬崖。

"它今天会来吗？"延斯想着。

延斯发现头顶的树枝上有些五颜六色的东西，是它来了！翠鸟！只见一只雀蓝色羽毛的鸟从树枝上俯冲下来，一头扎进水里。

几秒钟后，它嘴里衔着一条小鱼，从水里蹿出来，飞往对岸，消失在土墙上的一个小洞里。很快，它就从洞里滑了出来，又一头扎进水里。它在水中拍了几下翅膀，像是在洗澡，紧接着又回到刚才的树枝上，紧盯着水面，直到发现一条鱼，"游戏"再次开始。

"那边有一个翠鸟窝！"延斯对爸爸说，"里面肯定有小鸟！"这时，爸爸正在旁边往水里扔鱼钩。

这一次，翠鸟抓到了一条更大的鱼。但是，这只漂亮的鸟并没像上次一样衔着鱼飞往对岸，而是飞到了一棵歪歪扭扭的树上。它娴熟地用喙转动鱼调整方向，直到鱼头对准喉咙才一口吞了下去。

现在，爸爸也看到这只翠鸟了。"先将鱼头转向，对准喉咙再一口吞下，鱼的鳞片和鳍就不会刮伤它的喉咙。"爸爸给延斯解释道。

"看！爸爸，那还有一只！"延斯指着洞口喊道。

"是的，鸟爸爸和鸟妈妈要一起为它们的孩子抓鱼！"爸爸点头道，"几周后，小家伙们再长大点儿，就能自己出洞捕鱼了。"

鱼上钩了，爸爸收回鱼竿，鱼钩上挂着一条鳟鱼！

"太棒了！"延斯大喊，因为他特别喜欢吃鱼。

"我觉得，您把自己的孩子也照顾得很好，亲爱的爸爸！"

蛎鹬

海边

我们的地球被称为"蓝色星球"，因为地表大约 71% 的面积都被海水覆盖。

大海是这样调节地球水平衡的：阳光将海洋表面的大量液态水蒸发成水蒸气，水蒸气上升到一定高度后遇冷凝结成小水滴或小冰晶，这些小水滴或小冰晶组成了云。风将云层吹向陆地，吹进山区。云中的小水滴或小冰晶又以雨、雪或冰雹的形式重回大地，逐渐汇入河流和海洋。

海水是咸的，这是为什么呢？一部分原因是，雨水会溶解岩石和土壤里的盐分，溶解的盐分随雨水冲刷到河里，再随河水汇入大海。此外，海底火山爆发时，高温会熔化岩石，也会把岩石里的盐分冲进海里。而海水蒸发产生的水蒸气是带不走盐分的，这就使越来越多的盐分留在了海水里。

大海最深处超过 11 千米，最浅处是潮间带。在潮间带和海滩上栖居着许多动物，如海豹、鸟类、贝类、螃蟹等。

红脚鹬

燕鸥

海里塑料垃圾过多，以及油轮等泄漏形成的浮油层，都会严重危害鱼类、鸟类和许多其他海洋生物。

滨海刺芹

燕麦草

银鸥

白尾海雕

红嘴鸥

滑蛇

海滩

沙丘是在风力作用下由沙粒堆积而成的，可以随风改变形状。

大海沿岸，有广阔平坦的沙滩。涨潮退潮之间会形成一个区域，即潮间带。也就是说，直至下一次涨潮前，海滩上的大面积滩涂不会被海水冲刷。在潮间带的泥沙里，生活着许多小动物。

海星以贝类为食，它会趴在贝壳上，等待贝壳张开。

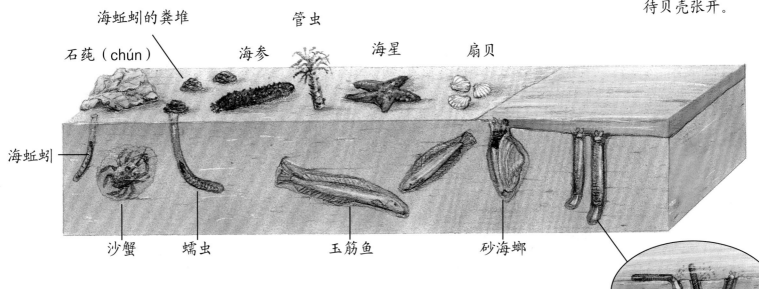

海蚯蚓的粪堆

管虫

石莼（chún）

海参

海星

扇贝

海蚯蚓

沙蟹

蠕虫

玉筋鱼

砂海螂

蛏（chēng）子会用"脚"钻洞，进而钻进沙里。

草的根部有固沙作用。

鸟

许多鸟在沙滩上寻觅食物：红脚鹬和斑尾塍（chéng）鹬长着长长的腿和长长的嘴；蛎鹬灵活地用嘴撬开贝类和螺类的壳；燕鸥和海鸥也来觅食。这些鸟在海滩或沙丘的草丛间繁殖。

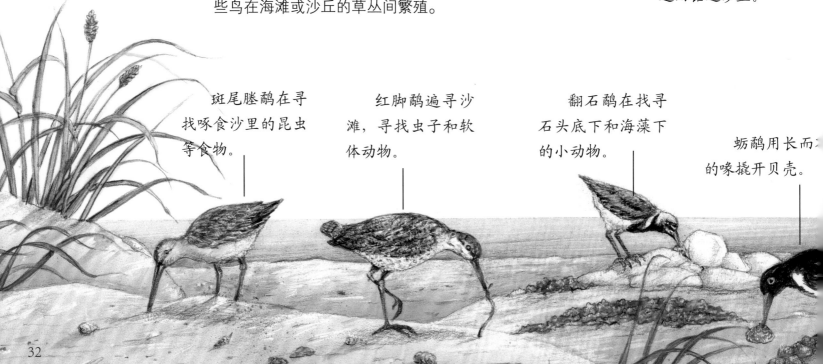

斑尾塍鹬在寻找啄食沙里的昆虫等食物。

红脚鹬遍寻沙滩，寻找虫子和软体动物。

翻石鹬在找寻石头底下和海藻下的小动物。

蛎鹬用长而□的喙撬开贝壳。

海洋水面周期性的涨落称作潮汐。涨潮时，海水水面上升至高潮线，即陆地上的水位上限。这个过程中，贝类、螺类和其他各种小型海洋生物被冲上岸。海藻随处生长，直至高潮线处。退潮时，藻类贴附在沙滩上，涨潮时则挺立在水中。

气囊：使海藻在水中保持挺立。

墨角藻是一种常见的褐藻。

固着器

退潮时

涨潮时

海月水母

刀蛏

滨蟹遇到危险时，会横向逃走。

乌蛤

帘蛤

紫贻贝

黄道蟹

海螺

乌贼骨（乌贼的内壳）

玉黍螺

鹅足螺

牡（mǔ）蛎（lì）

乌贼

雄燕鸥叼来玉筋鱼喂养正在孵卵的雌燕鸥。

红嘴鸥从沙子里刨找食物。

一次海水的涨落经历的时间是半个太阴日，约 12 小时 25 分。

每天的潮汐大小和涨落时间都不一样。

33

银鸥可借助海风
的力量在空中滑翔。

喙下的红斑

高亢嘹亮的"嘎嘎嘎"声

银鸥是游泳高手。

银鸥能喝海水，因
为它们鼻子周围的盐腺
体能过滤海水。

银鸥雏鸟啄亲鸟喙下的
红斑乞食。

刚孵出的银鸥就可以行走，
但要一两个月后才能离巢。

银鸥幼鸟

　　银鸥成群地聚集在海岸边的沙丘或岩石上繁殖。每一对
银鸥的地面巢相距都不远。银鸥的巢是用海藻或羽绒等筑巢
材料铺垫而成。一只雌鸟产蛋约三枚，雄鸟和雌鸟会轮流孵
蛋，约一个月后雏鸟破壳而出。雄鸟和雌鸟共同养育雏鸟，
为它们保暖，呕食投喂它们。一两个月后，雏鸟羽翼丰满，
但它们会继续待在亲鸟周围，由亲鸟喂养。幼鸟羽毛上的褐
色斑点需要几年的时间才会消失，羽毛颜色逐渐变浅，过渡
到成年银鸥的羽色。大约五岁时，小银鸥成年，开始繁育后代。
对人们来说，银鸥并不危险，但它们喜欢偷吃面包，也喜欢
吃厨余垃圾。

为了打开贝类和其他硬
壳类动物的壳，银鸥会将它
们从空中扔到地上砸开。

银鸥

雅各布和加布里埃尔很兴奋，他们要和爸爸妈妈一起去拜访住在波罗的海附近的叔叔！他们一路长途奔波，先是坐了很长时间的火车，又换乘公共汽车，然后由叔叔开车到汽车站来接。刚一下车，蔚蓝的大海就映入眼帘。

第二天，叔叔说："今天我们去港口。" 到了港口，只见许多渔船停泊在此，一艘渡轮靠岸，正在卸载汽车、自行车和乘客。一位卖冰激凌的小贩开着他的冷藏车，"叮叮当当"地沿着码头行驶。

银鸥在海上盘旋飞行，发出高亢嘹亮的叫声，听起来像是在笑。当叔叔去一家小超市购物时，加布里埃尔和雅各布坐在岸边的长椅上。他们同时从口袋里掏出三明治，津津有味地嚼着，一边晃着腿，一边眺望着波光粼粼的大海。

"我得去趟卫生间！"加布里埃尔说着便离开了。他把咬过的三明治放在雅各布旁边。突然间，一只银鸥俯冲下来，扑向雅各布。近在咫尺的银鸥显得巨大无比，它的尖叫声听起来也更加响亮。雅各布迅速将最后一口三明治塞进嘴里，然后敲打周围的栏杆。这只银鸥受到惊吓，匆匆飞走了。但是，加布里埃尔的三明治不翼而飞了！

过了一会儿，加布里埃尔回来了，他立即注意到自己的三明治不见了。

"你吃了我的三明治！你总是偷吃我的东西！"他边喊边用拳头轻捶雅各布。捶了几下突然意识到哪里有点儿不对劲，就停了下来。只见雅各布面色平静，完全不想争辩。

"发生了什么？"加布里埃尔问道。雅各布指着头顶上方飞着的银鸥，给加布里埃尔讲述了刚才发生的惊险一幕。加布里埃尔马上不生气了。

当叔叔提着购物袋满载而归时，加布里埃尔问叔叔银鸥是否危险。"不，对人类而言它们并不危险。但对一切可以吃的东西而言非常危险！它们很调皮，会偷吃所有食物，被叫作'食物窃贼'。"叔叔咧嘴笑着并紧紧地抱住购物袋。

岩石海滩和海蚀崖

除了沙滩，北海和波罗的海的沿岸还有岩石海滩。在这里，陡峭的海蚀崖耸立在海中。受到海水的冲蚀，岩石海岸会不断地发生改变，石头可能会被冲走，巨石也可能会沉入海中。

港海豹和灰海豹等海洋哺乳动物栖居在海滨和岛屿的岩石海岸上。海豚在近海处嬉戏玩耍。

港海豹喜欢待在岩石海滩上。它的口鼻部圆圆的。

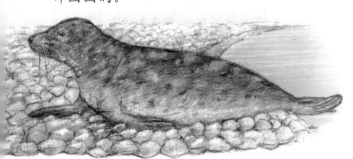

灰海豹的体形比港海豹大，口鼻部稍长。

鼠海豚

在礁石密布的海下：

海胆有一个坚硬的外壳，上面有许多长刺。海胆死后，最外层的长刺和棘皮会完全脱落。

藤壶会分泌一种胶，将自己牢固地黏附在石头等物体表面。藤壶和螃蟹是近亲。

帽贝紧紧地吸附在海岸边的岩石上。

波罗的海海滩上的石头：

砂岩

火山岩

琥珀

燧（suì）石

鸡神石（一种天然带孔的燧石）

海鸟的巢隐藏在海边的悬崖上，它们成群地聚集在悬崖上繁育后代。这些海鸟可以借助悬崖处的海风在空中滑翔。

暴雪鹱（hù）

欧鸬（lú）鹚（cí）

三趾鸥的后趾已退化，看上去很小。

北鲣（jiān）鸟将巢建在高处，它们的巢是用海藻、羽毛、草和泥土建成的。

三趾鸥

刀嘴海雀在岩石裂缝中产卵。

崖海鸦

崖海鸦的蛋形似陀螺，所以不易滚到崖下，而是绕着自己的轴旋转。

约三周大时，幼鸟会飞离悬崖飞向海面。

在海面上，崖海鸦亲鸟会潜水捕鱼，继续喂养幼鸟。

你知道吗？

波罗的海是内陆海，海水没有北海那么咸。

波罗的海的海水盐度：0.7% ~ 0.8%。

北海的海水盐度：3.1% ~ 3.5%。

海燕把蛋藏在一个岩石洞穴的深处。

小档案
体长： 2 ~ 3 米
体重： 200 ~ 300 千克
食物： 鱼类为主、海洋软体动物等为辅
显著特征： 锥形臼齿

雄灰海豹：腹部深灰色，有浅色斑点。

雌灰海豹：腹部银灰色，有深色斑点。

灰海豹有厚厚的脂肪层，可以抵御寒冷。

为了适应海里的生活，灰海豹的前后腿已进化成鳍足。

潜水时，灰海豹可以紧闭耳朵和鼻子。

灰海豹在水下捕食时，游速可达 30 千米 / 小时。一只成年灰海豹每天可捕获约 10 千克鱼。

灰海豹幼崽蓬松的白色皮毛可以抵御寒风。

出生约 10 天

约 5 个月大

灰海豹是食肉动物。在冰冷的海水中，它捕食鱼类、章鱼或其他软体动物。捕食时，它会潜入水下几分钟，然后短暂地出水换气。灰海豹能在水下停留长达 30 分钟，并能潜至 300 米深。灰海豹有着大大的眼睛，在水下视力极佳，可以看得清清楚楚。

灰海豹幼崽在隆冬时节出生，刚出生时还不能下水，因为它还没有长出厚厚的、防水的皮毛。灰海豹幼崽由灰海豹妈妈哺乳喂养，乳汁中含有大量脂肪，因此幼崽增重飞速。一旦灰海豹幼崽长出防水皮毛，就可以自己下水捕食了。幼年的海豹还不是捕猎高手，会经常四处游荡寻觅食物，渔网对它们来说极其危险。一旦被卷入网中，就可能因窒息而死。

不久后，小灰海豹就会来到海里，并且大部分时间都在水中度过。

灰海豹

马丁和爸爸妈妈去欧洲北部的北海玩了几天。刚到的第一个晚上就遇上了一场暴风雨，狂风大作！但第二天早上，海面就恢复了平静。在海边散步时，马丁在海滩上搜集被冲上岸的贝壳，他还在贝壳下找到了一只海星。

突然，他听到一阵"呜哇呜哇"的叫声，这叫声越来越响亮，逐渐变成了哀号。马丁环顾四周，只见附近水中的一片沙洲上，有一团白色的东西。那是一只灰海豹幼崽吗？是的，是一只灰海豹幼崽！它号啕不止！它妈妈在哪里？四周看不见任何其他动物！

马丁跑向爸爸妈妈。"那边躺着一只小海豹，不停地哭！"他激动地和父母说。

马丁的父母望向沙洲，仔细地倾听。"它的妈妈可能去寻找食物了。"马丁的妈妈说。

但是，当他们傍晚又来到海边时，小海豹还在那里，它的号叫声听起来已经很沙哑了。或许它需要帮助！爸爸从口袋里掏出手机，给最近的海豹救助站打了电话。

两名救助站的工作人员赶来，他们穿着高筒靴在水中艰难前行。到了沙洲上，他们小心翼翼地将小海豹卷进笼子里。马丁一直陪着小海豹，跟到上车的地方。

"这只小海豹会怎么样？"马丁问。"我们将带它去海豹救助站，"工作人员友善地回答道，"我们会给这只小海豹和其他被遗弃的小海豹喂鱼吃，直到它们足够强壮，能够独立生存。然后我们会将它们送回大海。如果你愿意，可以和你爸爸妈妈一起来参观我们的海豹救助站。"

"太好了！"马丁道，"我一定去！"